设 计 师 手 稿 系 列

服饰绘

服装局部与整体款式
设计*1288*例

王维英　张金滨　兰天◎著

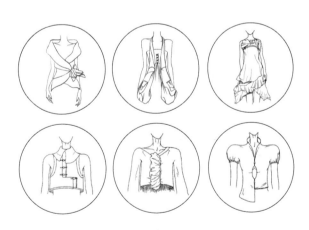

中国纺织出版社有限公司

内 容 提 要

本书为服装设计专业基础课程教材，旨在教会初学者如何从服装的构成要素入手设计服装。本书内容由衣领、衣袖、门襟、口袋、廓型，到服装整体系列设计，采用局部到整体的教学方法，结合大量案例，解决如何从服装本身出发进行款式设计这一基础问题。本书的创新点重在"怎么教"，探索服装设计的基本方法与规律。将服装局部、整体系列设计进行剖析及其设计过程具体化。

本书适合服装设计专业师生以及相关从业人员参考学习。

图书在版编目（CIP）数据

服饰绘：服装局部与整体款式设计1288例 / 王维英，张金滨，兰天著. --北京：中国纺织出版社有限公司，2021.6

（设计师手稿系列）

ISBN 978-7-5180-8573-6

Ⅰ.①服… Ⅱ.①王… ②张… ③兰… Ⅲ.①服装设计—绘画技法 Ⅳ.①TS941.28

中国版本图书馆CIP数据核字（2021）第098217号

责任编辑：孙成成　　　　特约编辑：施　琦
责任校对：寇晨晨　　　　责任印制：王艳丽

中国纺织出版社有限公司出版发行
地址：北京市朝阳区百子湾东里 A407 号楼　邮政编码：100124
销售电话：010—67004422　传真：010—87155801
http://www.c-textilep.com
中国纺织出版社天猫旗舰店
官方微博 http://weibo.com/2119887771
三河市宏盛印务有限公司印刷　各地新华书店经销
2021 年 6 月第 1 版第 1 次印刷
开本：787×1092　1/16　印张：15.25
字数：132 千字　定价：49.80 元

前 言

PREFACE

　　服装伴随人类社会的经济、政治、文化发展而发展变化，经历了由低级到高级、由简陋到精致的漫长演变过程。今天的服装充分反映了现代社会科技发展水平，人们也更期望通过服装展示自我，展示生活情趣，从而使服装越来越受到社会的重视。服装设计是一门集艺术、工程、技艺为一体的学科，它涉及的范围较大，知识面较广，包含社会政治经济、文化背景、艺术修养、民俗风情、人文素养等多个方面。随着社会发展，"设计"一词已经充斥于我们生活的方方面面，当听见"设计"一词时，你会想到什么？你会把设计与生活、学习、工作联系起来吗？词典将"设计"解释为"计划"——做设计就是做计划、做组织。由此可以推断出，设计不仅仅是存在于艺术领域，而是存在于所有领域，如家居、机械、食品、运动、计算机、航空航天等。设计可以说是"偶然"的反义词。一般来讲，当我们说某事"由设计产生"时，其意思是某事经过了计划——它并不是偶然发生的。各行各业的人都会做计划，我们穿的服装也是经由计划而产生，并非偶然，如衣袖、衣领等部件要符合人体构造。因此，有计划、有组织、有秩序地去思考服装局部的变化与创意，并把这种构思呈现出来显得极为重要。款式、色彩、面料是服装设计的三要素，其中款式设计占首要位置，它决定了服装造型、裁剪、制作工艺。学习服装局部与整体设计可以使服装审美功能和实用功能达到和谐、统一，做到有计划地实现服装式样的创新发展需求。

目 录
CONTENTS

第二章　衣袖设计

衣领设计

衣领、衣袖、门襟、口袋、廓型为服装上装主要的局部零部件，衣领靠近人的面部，对其具有修饰作用。在上装设计中，设计师们极其注重衣领的设计。因此，如何设计衣领，成为本章讨论的核心内容。对于初学者来说，学习服装设计，应当从基础入手，先了解设计的根源。于是，进行衣领设计需要清楚以下几个问题：衣领的类型有哪些？不同衣领的构成要素分别是什么？优秀的服装设计师是如何设计衣领的？

❶ 衣领分类

目前，衣领通常分为无领、立领、翻领、翻驳领四类。

❷ 无领设计

无领是衣领中最简单最基础的领型。

（1）无领特点：主要特点是只有一条领圈线，无领面，围绕于颈部。

（2）无领的构成要素：主要构成要素是一条领圈线。

（3）无领设计思路归纳与分析：改变领圈线的形状、位置、深度［图1-1（a）］、宽度［图1-1（b）］、组合设计［图1-1（c）］，从而产生新的领型。我们在设计过程中也可以附加装饰或通过衣身的设计，改变领圈线的质感。

（4）无领设计拓展与训练案例（图1-2～图1-4）。

（a）

（b）

（c）

图1-1　无领设计服装

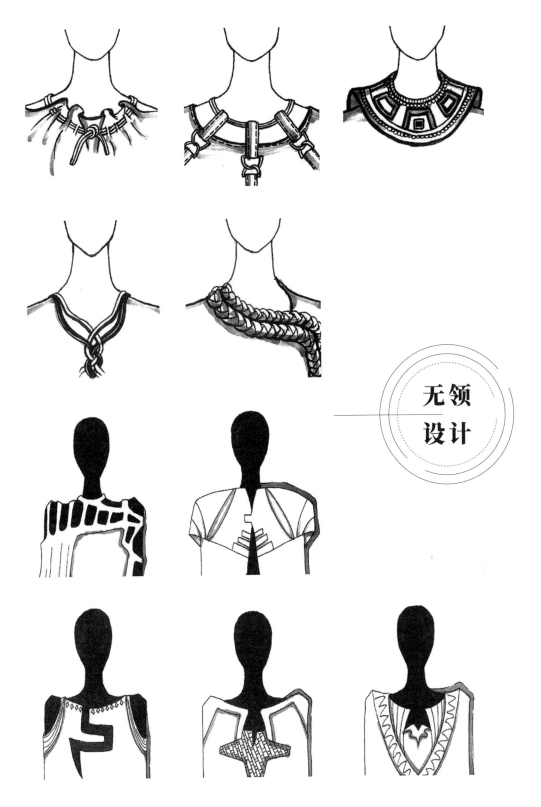

无领
设计

图1-2 无领设计局部表现案例1

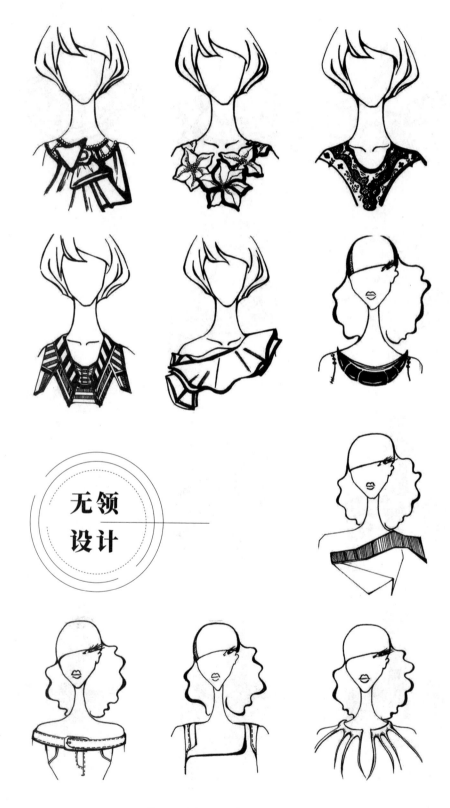

无领
设计

图1-3　无领设计局部表现案例2

无领
设计

图1-4 无领设计局部表现案例3

❸— 立领设计

顾名思义，立领就是领面立起来的领型。如中式立领（图1-5）、夹克立领。

（1）立领特点：主要特点是领面立起来，对颈部起到修饰及保护的作用。

（2）立领的构成要素：主要构成要素是领面、领圈线、开口。

（3）立领设计思路归纳与分析：设计思路是改变立领的宽度、位置，改变领圈线的位置、形状，改变立领开口的位置及形态等。

（4）立领设计拓展与训练案例（图1-6～图1-8）。

图1-5 中式立领服装

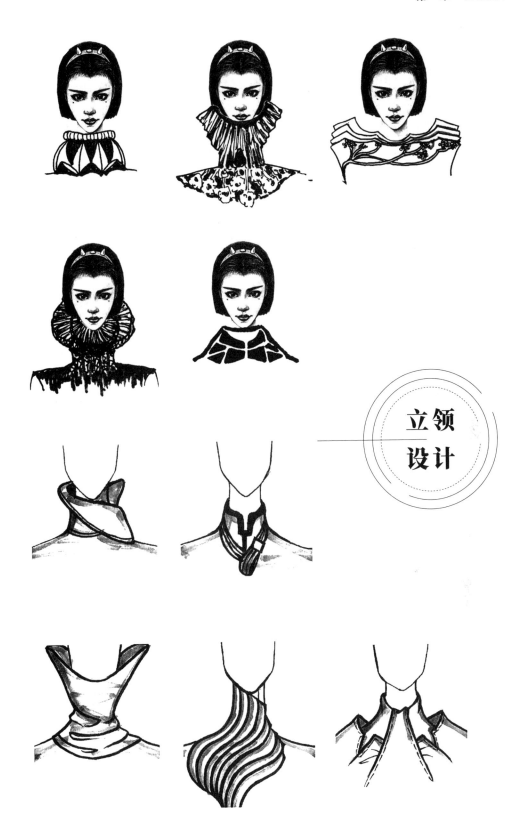

立领
设计

图1-6　立领设计局部表现案例1

立领
设计

图1-7　立领设计局部表现案例2

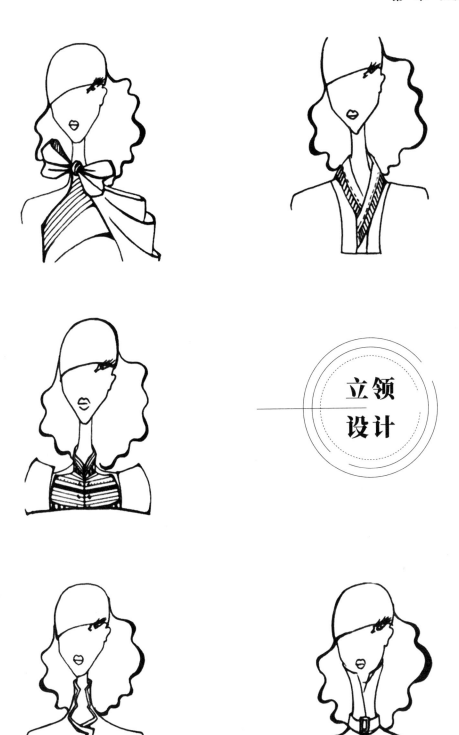

立领
设计

图1-8　立领设计局部表现案例3

❹ 翻领设计

翻领是领面向外翻折的领型，如衬衫领。

（1）翻领特点：主要特点是领面向外翻折，围绕于颈部，如图1-9所示。

（2）翻领的构成要素：主要构成要素是领面、领座（可有可无）、开口、领圈线。

（3）翻领设计思路归纳与分析：设计思路是改变开口的位置、左右领面的距离，改变领面的质感及大小等。依此类推，翻领设计的思路还有哪些？课堂上，老师可以将这个问题抛给学生，让学生独立观察、解读、总结翻领的设计思路，引导学生学会解析优秀设计师的作品。

（4）翻领设计拓展与训练案例（图1-10～图1-12）。

（a）　　　　　　　　　　　　　（b）

图1-9　翻领设计服装

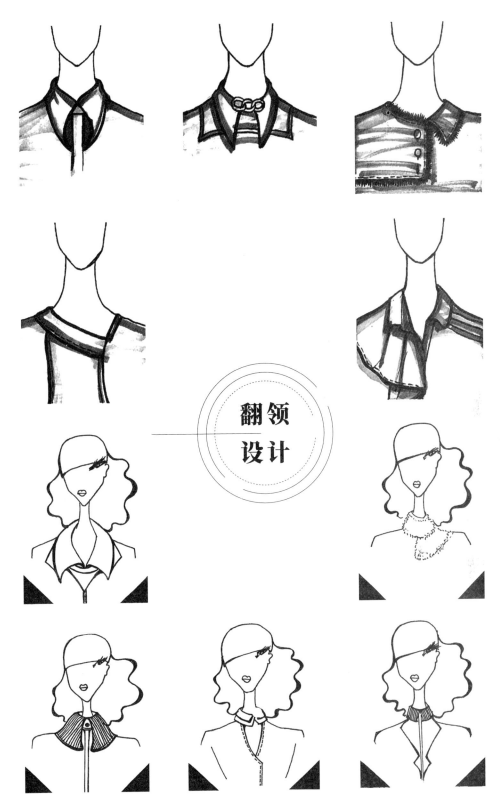

翻领
设计

图1-10 翻领设计局部表现案例1

翻领
设计

图1-11　翻领设计局部表现案例2

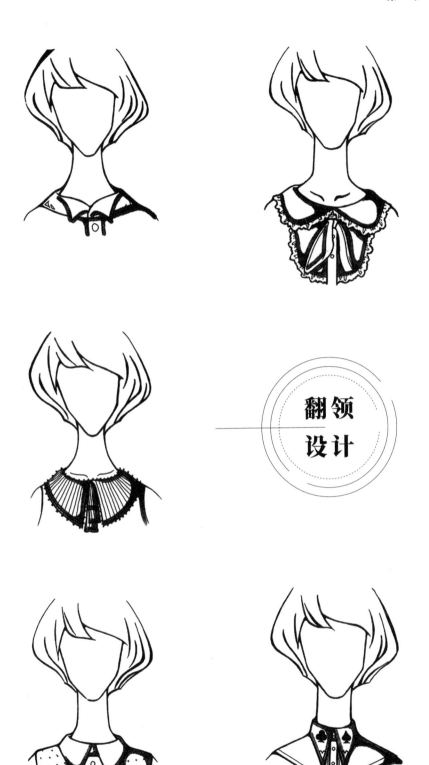

翻领
设计

图1-12　翻领设计局部表现案例3

❺— 翻驳领设计

翻驳领是西装领的别称，由翻领与驳领两个领子构成，如图1-13所示。

（1）翻驳领特点：主要特点是由翻领与驳领两个领子构成，平铺于胸前，向外翻折。

（2）翻驳领的构成要素：构成要素是翻领、驳领、止口、领嘴、串线。

（3）翻驳领设计思路归纳与分析：设计思路是改变驳领的形状、领面的宽度、驳领的数量、止口的位置等。

（4）翻驳领设计拓展与训练案例（图1-14～图1-16）。

（a）　　　　　　　　　　　　　　　　　（b）

图1-13　翻驳领设计服装

翻驳领
设计

图1-14 翻驳领设计局部表现案例1

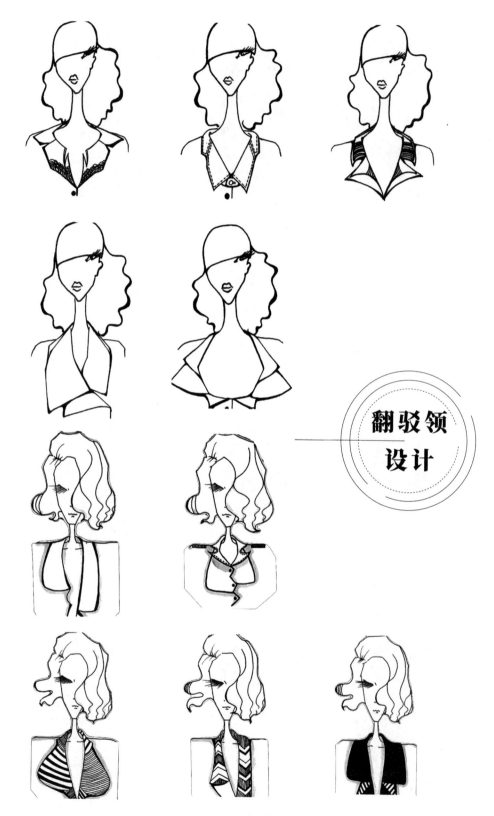

翻驳领
设计

图1-15　翻驳领设计局部表现案例2

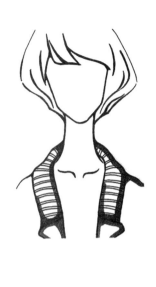

翻驳领
设计

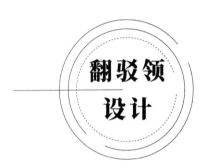

图1-16　翻驳领设计局部表现案例3

❻ — 其他衣领设计案例（图1-17～图1-20）

图1-17　其他衣领设计局部表现案例1

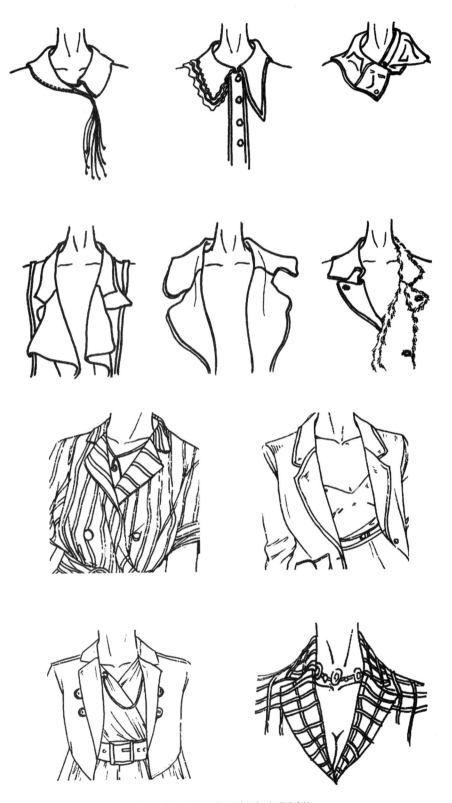

图1-18 其他衣领设计局部表现案例2

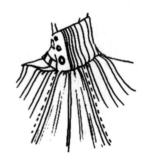

图1-19 其他衣领设计局部表现案例3

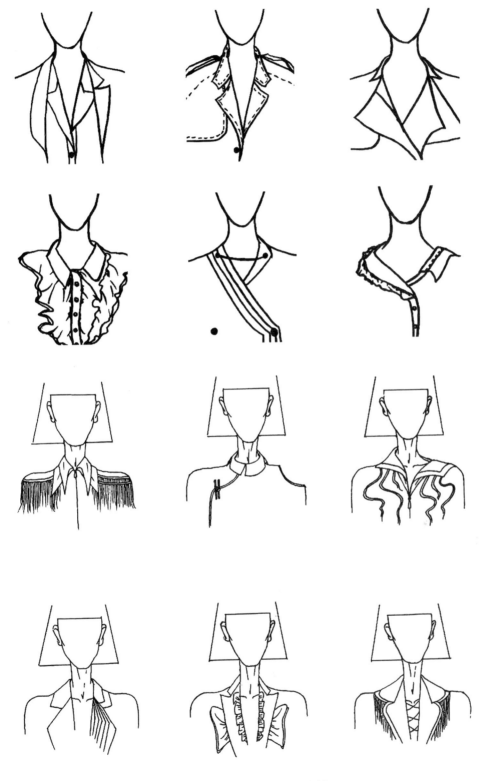

图1-20 其他衣领设计局部表现案例4

❼— 学习设计衣领的重要性

衣领设计常用于推款设计以及系列设计中，如图1-21、图1-22所示，在两个系列设计作品中，衣领都进行了不同形式的变化。由此，我们可以说学习衣领设计是系列设计者单品设计的准备工作之一。因而，学习如何设计衣领理论显得非常有必要。

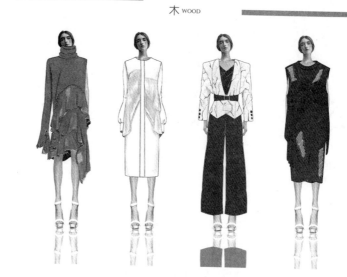

图1-21　服装系列设计案例1

图1 22　服装系列设计案例2

🔹 思考训练题

1. 衣领设计的基本方法与规律是什么？四大衣领的基础款款式特点是什么？如何设计衣领？

2. 每人设计无领、立领、翻领、翻驳领各三款，A4纸张，秀丽笔或针管笔勾线。

要求：衣领是设计重点。

3. 每人收集无领、立领、翻领、翻驳领设计款的秀场图片各两张，建立素材库。

第二章

PART2

衣袖设计

衣袖是上装重要的零部件,衣袖的造型对服装的款式变化影响较大,与衣领一样是上衣设计的重点。

❶— 无袖设计

(1)无袖特点:没有袖身,只有袖窿弧线。

(2)无袖的构成要素:一条袖窿弧线,围绕于臂根围处,如图2-1所示。

(3)无袖设计思路归纳与分析:改变袖窿弧线的位置、形状(图2-2);结合衣身变化,改变袖窿弧线的形状;附加装饰等。

图2-1 基础无袖设计服装1

（a）　　　　　　　　　　（b）

图2-2　基础无袖设计服装2

（4）无袖设计拓展与训练案例（图2-3～图2-29）。

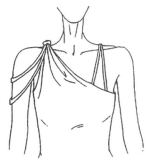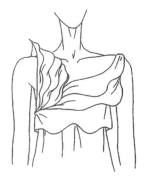

图2-3　无袖设计局部表现案例1

图2-4　无袖设计局部表现案例2

图2-5 无袖款连衣裙设计案例1

图2-6　无袖款连衣裙设计案例2

图2-7　无袖款连衣裙设计案例3

图2-8　无袖款连衣裙设计案例4

图2-9　无袖款连衣裙设计案例5

图2-10　无袖款连衣裙设计案例6

图2-11　无袖款连衣裙设计案例7

图2-12 无袖款连衣裙设计案例8

图2-13 无袖款连衣裙设计案例9

图2-14 无袖款连衣裙设计案例10

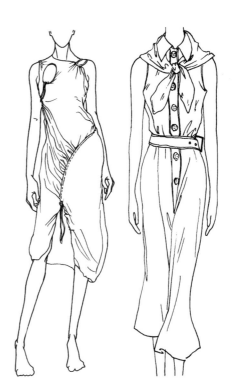

图2-15 无袖款连衣裙设计案例11

图2-16　无袖款连衣裙设计案例12

图2-17 无袖款连衣裙设计案例13

图2-18 无袖款连衣裙设计案例14　　　　图2-19 无袖款连衣裙设计案例15

图2-20　无袖款连衣裙设计案例16

图2-21 无袖款连衣裙设计案例17

图2-22　无袖款连衣裙设计案例18

图2-23　无袖款上装设计案例1

图2-24 无袖款上装设计案例2

图2-25 无袖款上装设计案例3

图2-26　无袖款上装设计案例4

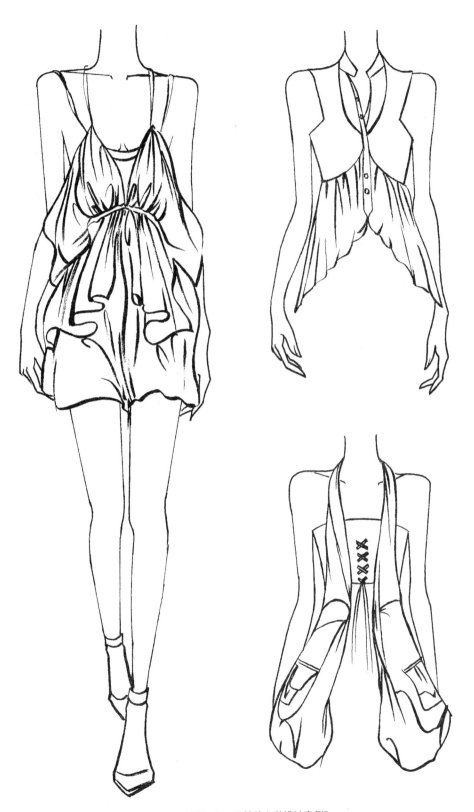

图2-27 无袖款上装设计案例5

图2-28 无袖款上装设计案例6

图2-29　无袖款上装设计案例7

❷ — 装袖设计

在臂根围处与衣身缝合连接的衣袖，即是装袖。

（1）装袖特点：衣袖与衣身分开裁剪，袖窿弧线在臂根处，有一条袖缝，有长有短，袖型呈筒状。

（2）装袖的构成要素：袖窿弧线，袖缝，袖身，袖型。

（3）装袖设计思路归纳与分析：袖底线由缝合变为半缝合；加大袖山量或者加强衣袖袖身的空间感；袖窿弧线由缝合变半缝合；袖窿弧线夸张加深；袖窿弧线下移，形成向外扩张的廓型感；改变袖克夫造型、宽度等；向上加长袖窿弧线，视觉上形成立体的肩形；改变衣袖外轮廓线的形状，从而使袖型产生变化［图2-30（a）、图2-30（b）］；袖底缝由缝合变为半缝合等［图2-31（a）、图2-31（b）］。

（a）　　　　　　　　　　　　（b）

图2-30　装袖设计服装1

（a）　　　　　　　　　　　　（b）

图2-31　装袖设计服装2

（4）装袖设计拓展与训练案例（图2-32～图2-81）。

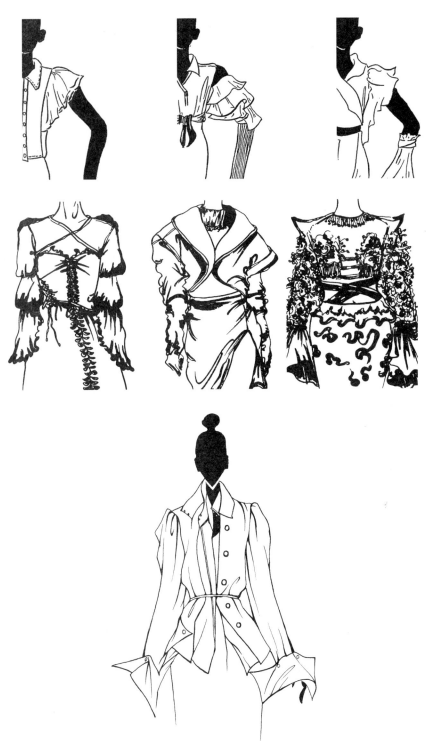

图2-32 装袖款服装设计案例1

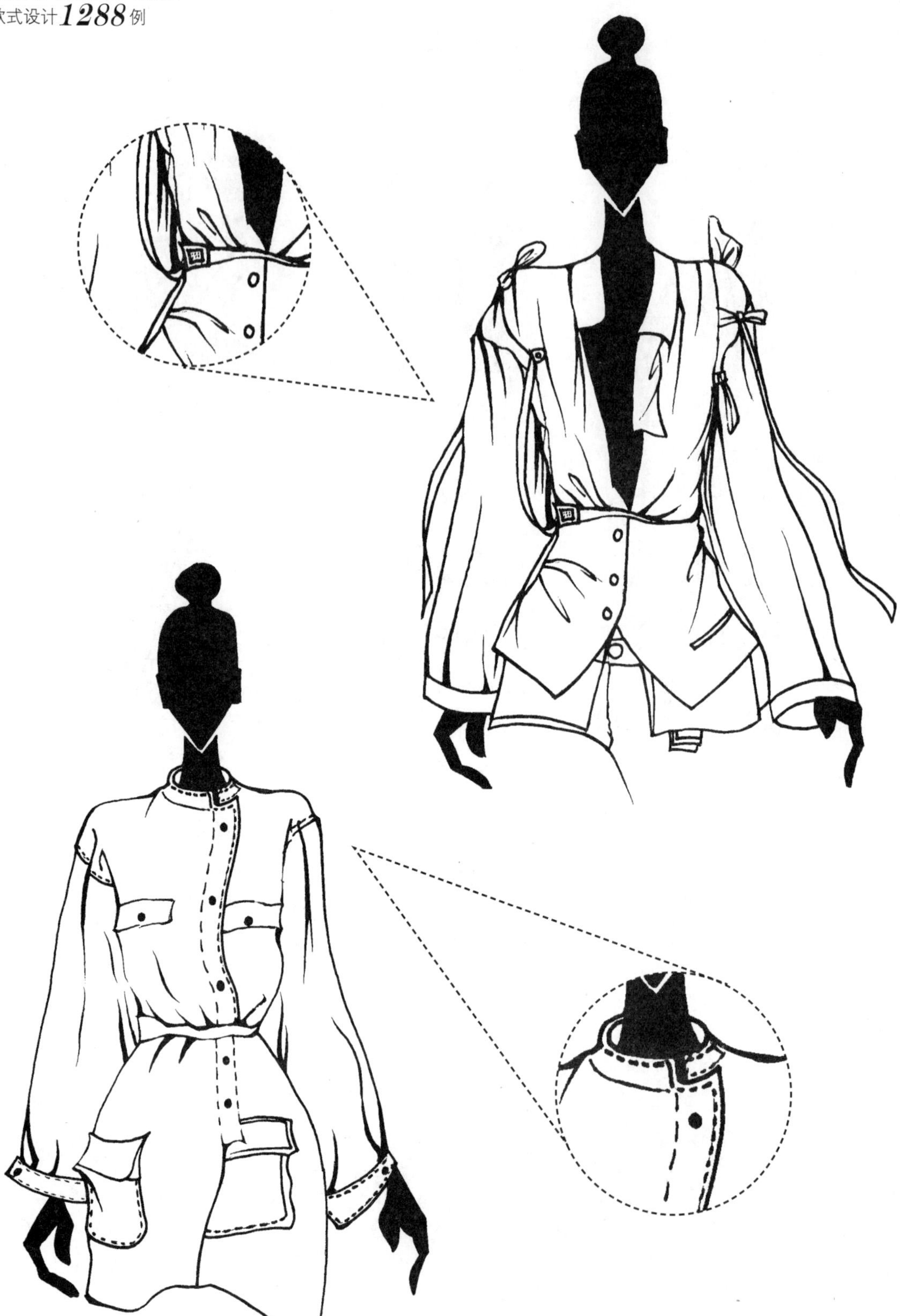

图2-33 装袖款服装设计|案例2

图2-34　装袖款服装设计案例3

图2-35 装袖款服装设计案例4

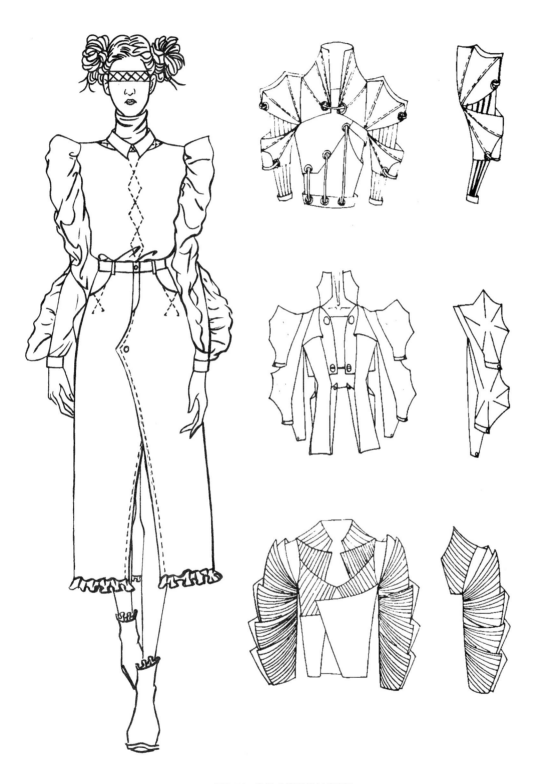

图2-36　装袖款服装设计案例5

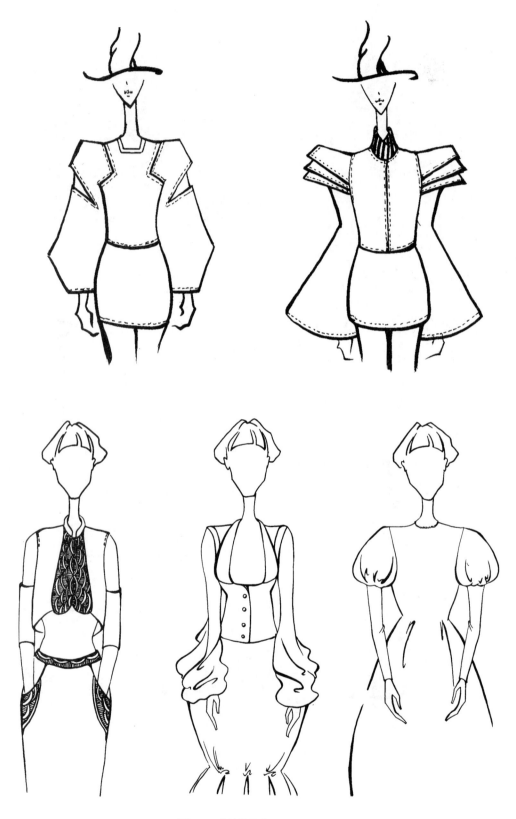

图2-37　装袖款服装设计案例6

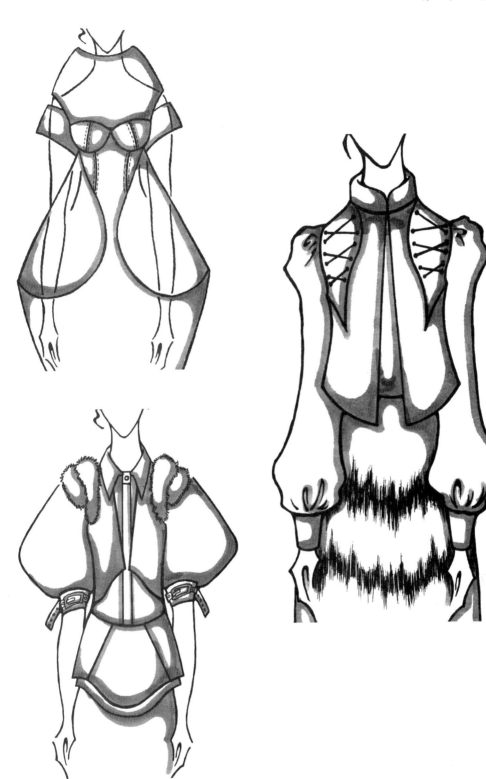

图2-38　装袖款服装设计案例7

图2-39 装袖款服装设计案例8

图2-40　装袖款服装设计案例9

图2-41　装袖款服装设计案例10

图2-42　装袖款服装设计案例11

图2-43　装袖款服装设计案例12

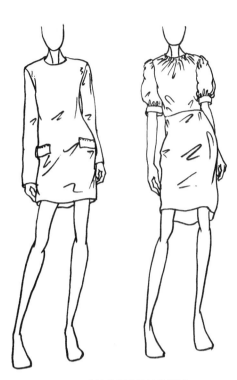

图2-44　装袖款服装设计案例13

图2-45　装袖款服装设计案例14

图2-46　装袖款服装设计案例15

图2-47　装袖款服装设计案例16

图2-48　装袖款服装设计案例17

图2-49　装袖款服装设计案例18

图2-50 装袖款服装设计案例19　　　　图2-51 装袖款服装设计案例20

图2-52 装袖款服装设计案例21　　　　图2-53 装袖款服装设计案例22

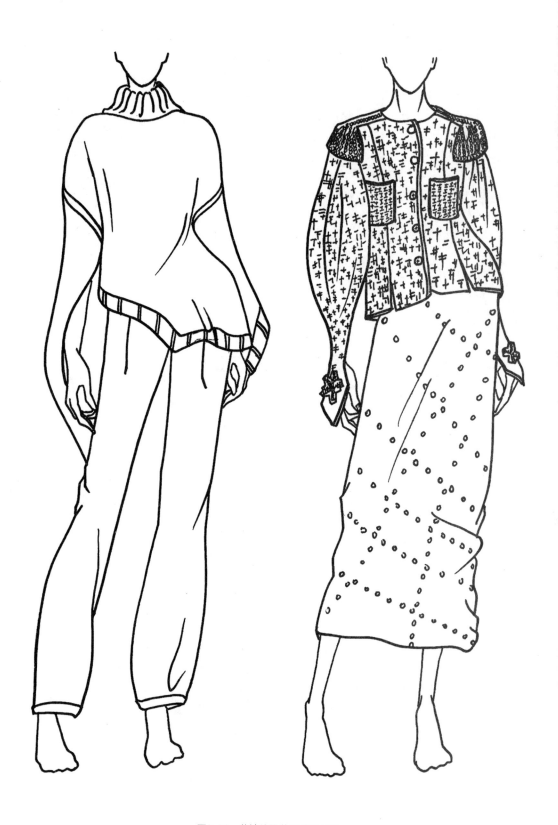

图2-54　装袖款服装设计案例23

图2-55 装袖款服装设计案例24

图2-56　装袖款服装设计案例25

图2-57 装袖款服装设计案例26

图2-50 装袖款服装设计案例27

图2-59　装袖款服装设计案例28

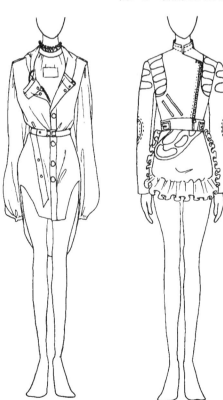

图2-60　装袖款服装设计案例29　　　　图2-61　装袖款服装设计案例30

图2-62 装袖款服装设计案例31

图2-63　装袖款服装设计案例32

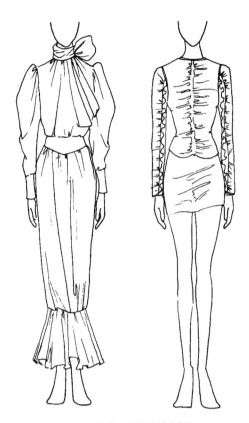

图2-64　装袖款服装设计案例33

图2-65　装袖款服装设计案例34

图2-66　装袖款服装设计案例35

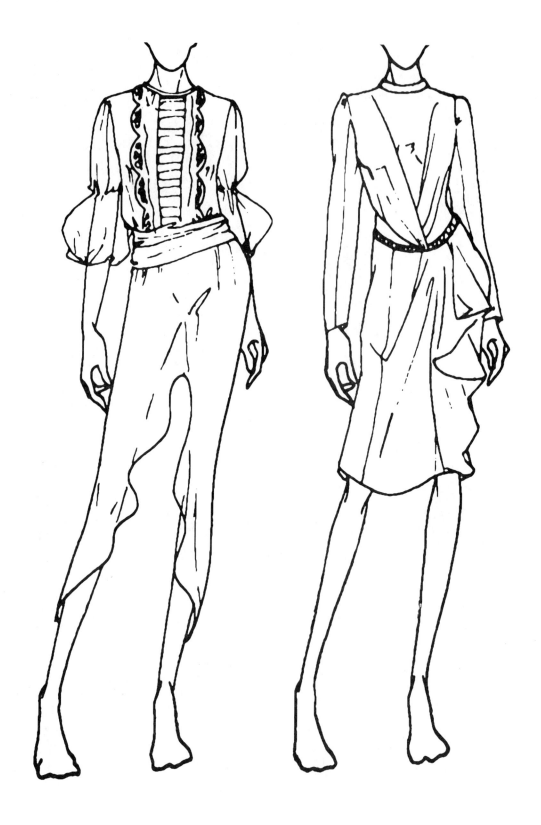

图2-67　装袖款服装设计案例36

图2-68 装袖款服装设计案例37

图2-69　装袖款服装设计案例38

图2-70　装袖款服装设计案例39　　　　图2-71　装袖款服装设计案例40

图2-72　装袖款服装设计案例41

图2-73 装袖款服装设计案例42

图2-74 装袖款服装设计案例43

图2-75　装袖款服装设计案例44

图2-76　装袖款服装设计案例45

图2-77　装袖款服装设计案例46

图2-79　装袖款服装设计案例48

图2-78　装袖款服装设计案例47

图2-80　装袖款服装设计案例49

图2-81 装袖款服装设计案例50

3 连衣袖设计

（1）连衣袖特点：衣身与衣袖相连（没有袖窿弧线）。

（2）连衣袖的构成要素：袖口、袖身、袖型、袖缝。

（3）连衣袖设计思路归纳与分析：衣袖的不对称，无袖与连衣袖并置［图2-82（a）］。

加大袖口的宽度［图2-82（b）、图2-82（c）］等。

（a） （b） （c）

图2-82 连衣袖设计服装

（4）连衣袖设计拓展与训练案例（图2-83～图2-134）。

图2-83 连衣袖款服装设计案例1

图2-84　连衣袖款服装设计案例2

图2-85　连衣袖款服装设计案例3

图2-86 连衣袖款服装设计案例4

图2-87 连衣袖款服装设计案例5

图2-88 连衣袖款服装设计案例6

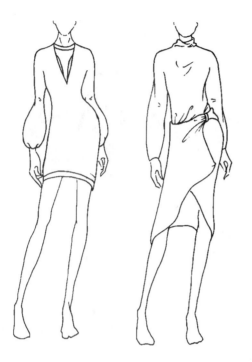

图2-89　连衣袖款服装设计案例7　　　　　　　　图2-90　连衣袖款服装设计案例8

图2-91　连衣袖款服装设计案例9　　　　　　　　图2-92　连衣袖款服装设计案例10

图2-93　连衣袖款服装设计案例11

图2-94　连衣袖款服装设计案例12

图2-95　连衣袖款服装设计案例13　　　　　图2-96　连衣袖款服装设计案例14

图2-97 连衣袖款服装设计案例15

图2-98 连衣袖款服装设计案例16

图2 99 连衣袖款服装设计案例17

图2-100　连衣袖款服装设计案例18

图2-101　连衣袖款服装设计案例19

图2-102　连衣袖款服装设计案例20

图2-103　连衣袖款服装设计案例21　　　　　　图2-104　连衣袖款服装设计案例22

图2-105　连衣袖款服装设计案例23　　　　　　图2-106　连衣袖款服装设计案例24

图2-107　连衣袖款服装设计案例25　　　　　　　图2-108　连衣袖款服装设计案例26

图2-109　连衣袖款服装设计案例27　　　　　　　图2-110　连衣袖款服装设计案例28

图2-111　连衣袖款服装设计案例29

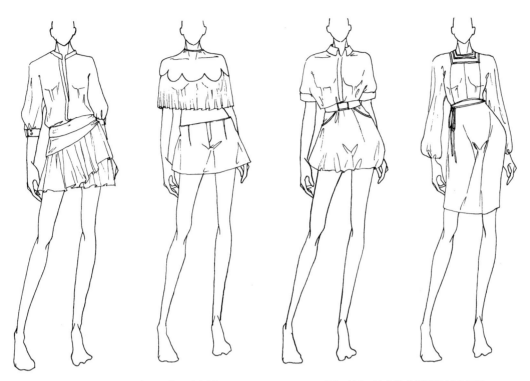

图2-112 连衣袖款服装设计案例30

图2-113 连衣袖款服装设计案例31

图2-114 连衣袖款服装设计案例32

图2-115 连衣袖款服装设计案例33

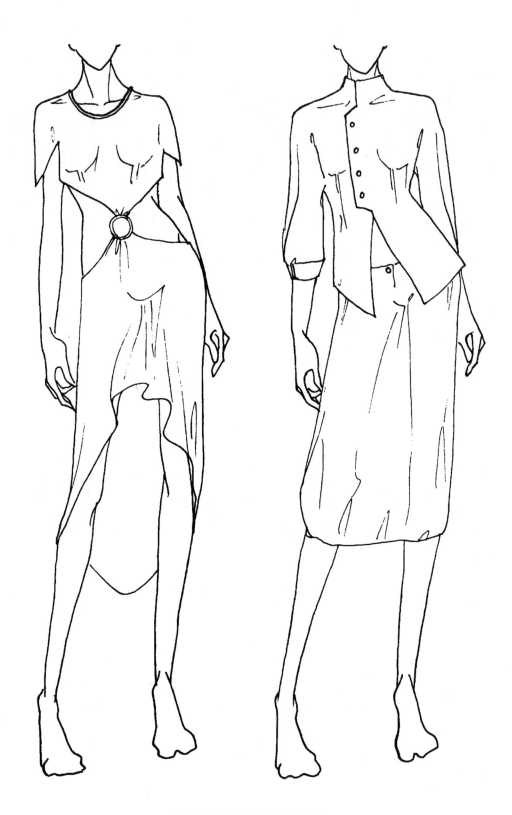

图2-116　连衣袖款服装设计案例34

图2-117　连衣袖款服装设计案例35

图2-118　连衣袖款服装设计案例36　　　　图2-119　连衣袖款服装设计案例37

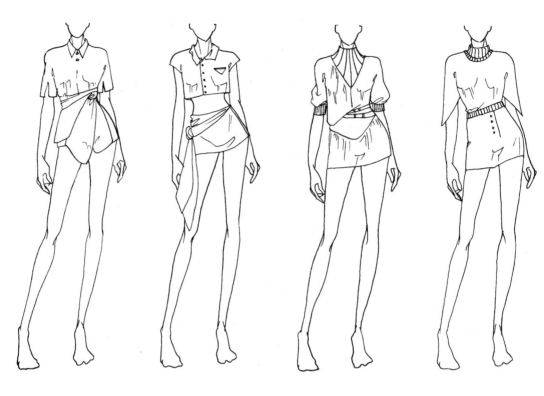

图2-120　连衣袖款服装设计案例38　　　　　　　图2-121　　连衣袖款服装设计案例39

图2-122　　连衣袖款服装设计案例40　　　　　　图2-123　连衣袖款服装设计案例41

图2-124 连衣袖款服装设计案例42

图2-125 连衣袖款服装设计案例43

图2-126 连衣袖款服装设计案例44

图2-127 连衣袖款服装设计案例45

图2-128　连衣袖款服装设计案例46

图2-129　连衣袖款服装设计案例47　　　　图2-130　连衣袖款服装设计案例48

图2-131　连衣袖款服装设计案例49　　　　图2-132　连衣袖款服装设计案例50

图2-133　连衣袖款服装设计案例51

图2-134 连衣袖款服装设计案例52

❹— 插肩袖设计

衣服袖子的裁片和肩膀上的裁片相连，这样的衣袖叫插肩袖也叫连肩袖。

（1）插肩袖特点：袖借身，有两条袖缝，袖窿弧线呈顺滑的曲线状。

（2）插肩袖的构成要素：袖窿弧线、袖缝、袖身、袖型。

（3）插肩袖设计思路归纳与分析：袖窿弧线的位置、形状不变，改变衣袖的廓形［图2-135（a）、图2-135（b）］，改变袖口的宽度、附加装饰［图2-135（c）］、增加袖子的数量、开口的位置［图2-135（d）］等。

（a）　　　　　　　　　　　（b）

（c）　　　　　　　　　　　（d）

图2-135　插肩袖设计服装

（4）插肩袖设计拓展与训练案例（图2-136～图2-185）。

图2-136　插肩袖款服装设计案例1

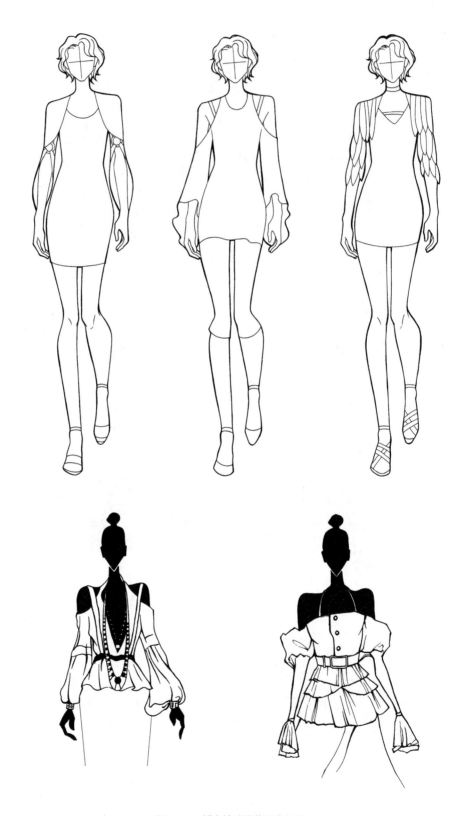

图2-137　插肩袖款服装设计案例2

图2-138　插肩袖款服装设计案例3

图2-139　插肩袖款服装设计案例4

图2-140 插肩袖款服装设计案例5

图2-141　插肩袖款服装设计案例6　　　　　　　图2-142　插肩袖款服装设计案例7

图2-143　插肩袖款服装设计案例8　　　　　　　图2-144　插肩袖款服装设计案例9

图2-145　插肩袖款服装设计案例10

图2-146　插肩袖款服装设计案例11

图2-147　插肩袖款服装设计案例12

图2-148　插肩袖款服装设计案例13

图2-149　插肩袖款服装设计案例14

图2-150　插肩袖款服装设计案例15

图2-151　插肩袖款服装设计案例16　　　图2-152　插肩袖款服装设计案例17

图2-153　插肩袖款服装设计案例18

图2-154　插肩袖款服装设计案例19

图2-155　插肩袖款服装设计案例20

图2-156　插肩袖款服装设计案例21

图2-157 插肩袖款服装设计案例22

图2-158　插肩袖款服装设计案例23

图2-159 插肩袖款服装设计案例24

图2-160 插肩袖款服装设计案例25

图2-161 插肩袖款服装设计案例26

图2-162 插肩袖款服装设计案例27

图2-163　插肩袖款服装设计案例28　　　　　　图2-164　插肩袖款服装设计案例29

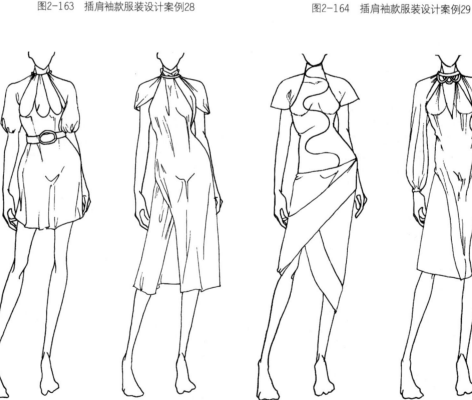

图2-165　插肩袖款服装设计案例30　　　　　　图2-166　插肩袖款服装设计案例31

图2-167　插肩袖款服装设计案例32

图2-168　插肩袖款服装设计案例33

图2-169　插肩袖款服装设计案例34

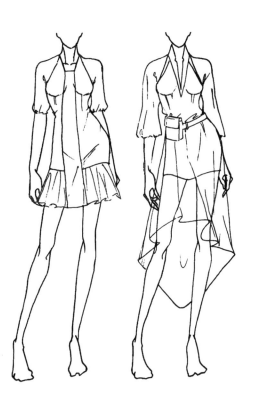

图2-170　插肩袖款服装设计案例35

图2-171 插肩袖款服装设计案例36

图2-172 插肩袖款服装设计案例37

图2-173 插肩袖款服装设计案例38

图2-174 插肩袖款服装设计案例39

图2-175 插肩袖款服装设计案例40　　　　图2-176 插肩袖款服装设计案例41

图2-177 插肩袖款服装设计案例42　　　　图2-178 插肩袖款服装设计案例43

图2-179　插肩袖款服装设计案例44

图2-180　插肩袖款服装设计案例45

图2-181　插肩袖款服装设计案例46

图2-182　插肩袖款服装设计案例47

图2-183 插肩袖款服装设计案例48

图2-184 插肩袖款服装设计案例49

图2-185 插肩袖款服装设计案例50

👕 **思考训练题**

1. 每人设计装袖、插肩袖、连衣袖、无袖各三款，A4纸张，秀丽笔或针管笔勾线。

要求：衣袖是设计重点。

2. 每人收集装袖、插肩袖、连衣袖、无袖设计款的秀场图片各两张，建立素材库。

第三章

PART 3

门襟设计

❶ — 门襟分类

门襟泛指服装在人体中线锁扣眼的部位。服装上设计门襟的主要目的是为了穿脱方便。

一般情况下，门襟有单排扣门襟、双排扣门襟；有暗门襟，明门襟；直门襟、侧门襟；对襟、搭襟；半门襟、通襟之分。

❷ — 门襟设计思路解析

改变门襟的外形［图3-1（a）、图3-1（b）］，位置与外形［图3-1（c）］，装饰、纽扣的数量、纽扣的排列方式、系搭方式等。

（a）

（b）

（c）

图3-1　服装门襟设计

❸— 门襟设计拓展与训练案例（图3-2～图3-49）

我们进行款式设计时，门襟可以是基础款，也可以是设计款。以下案例展示的是门襟在完整的服装款式中的呈现效果。

图3-2 以门襟为设计点的服装设计案例1

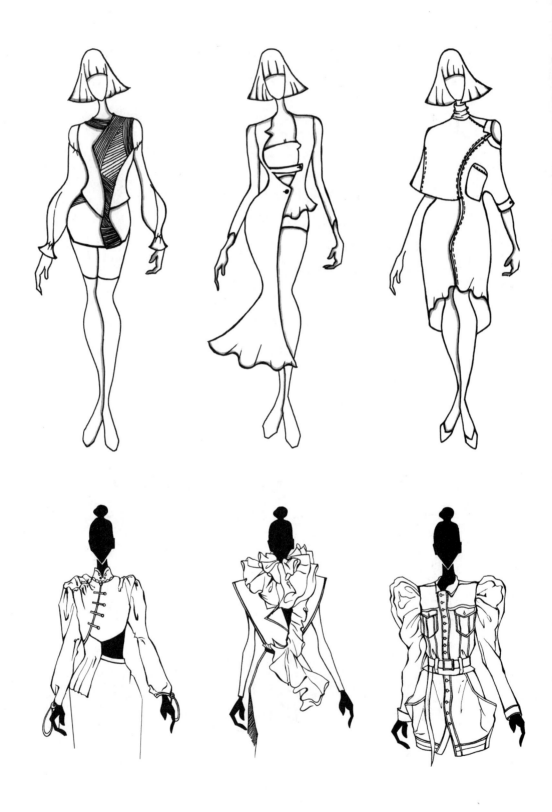

图3-3　以门襟为设计点的服装设计案例2

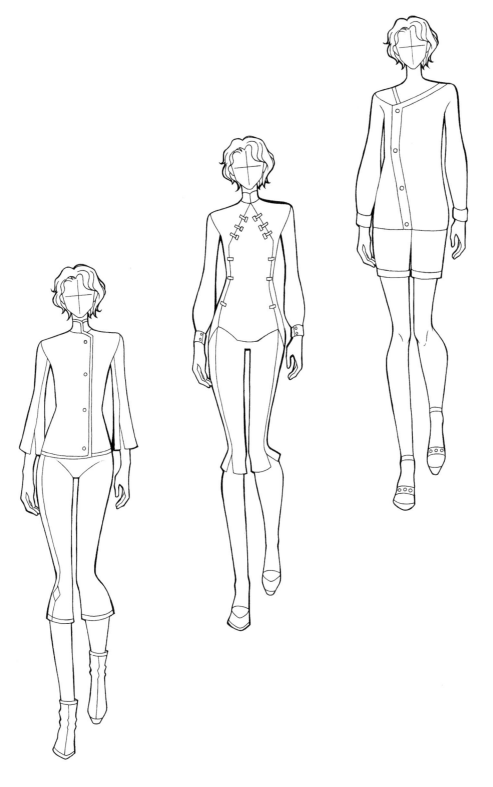

图3-4 以门襟为设计点的服装设计案例3

图3-5　以门襟为设计点的服装设计案例4

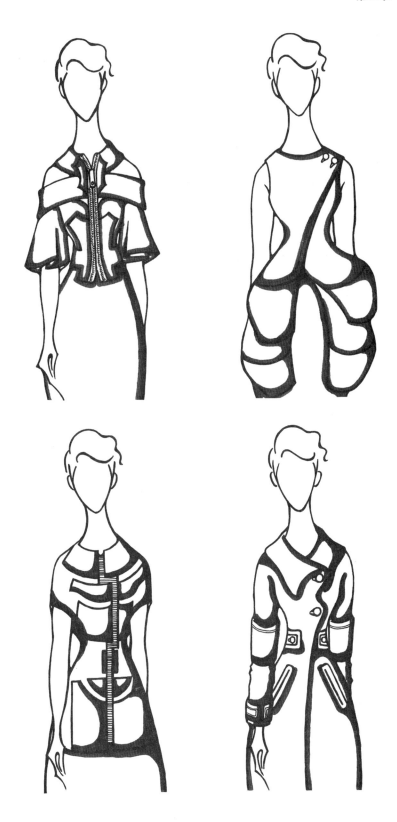

图3-6 以门襟为设计点的服装设计案例5

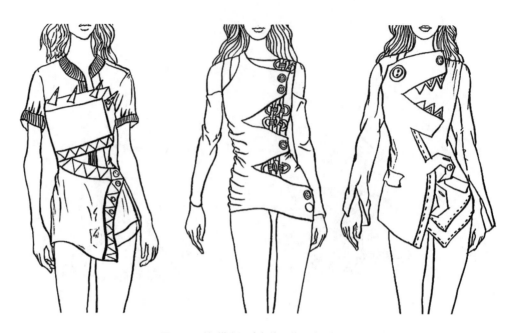

图3-7　以门襟为设计点的服装设计案例6

图3-8　以门襟为设计点的服装设计案例7

图3-9　以门襟为设计点的服装设计案例8

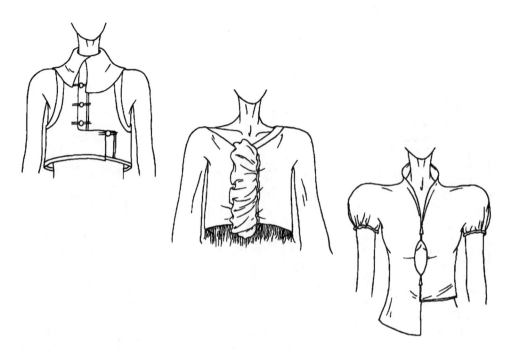

图3-10　以门襟为设计点的服装设计案例9

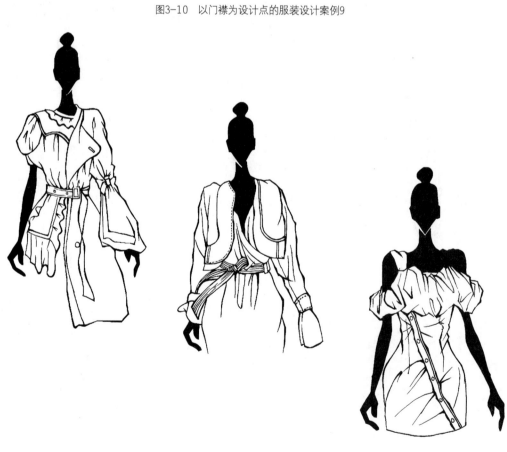

图3-11　以门襟为设计点的服装设计案例10

图3-12　以门襟为设计点的服装设计案例11

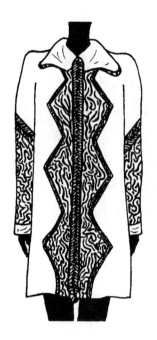

图3-13　以门襟为设计点的服装设计案例12

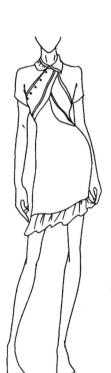

图3-14　以门襟为设计点的服装设计案例13　　　　图3-15　以门襟为设计点的服装设计案例14

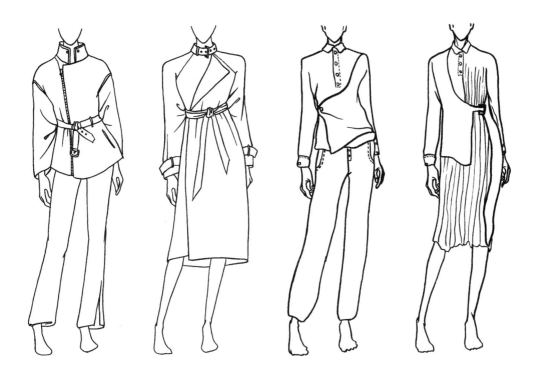

图3-16 以门襟为设计点的服装设计案例15　　图3-17 以门襟为设计点的服装设计案例16

图3-18 以门襟为设计点的服装设计案例17　　图3-19 以门襟为设计点的服装设计案例18

图3-20　以门襟为设计点的服装设计案例19　　　　图3-21　以门襟为设计点的服装设计案例20

图3-22　以门襟为设计点的服装设计案例21　　　　图3-23　以门襟为设计点的服装设计案例22

图3-24　以门襟为设计点的服装设计案例23　　　图3-25　以门襟为设计点的服装设计案例24

图3-26　以门襟为设计点的服装设计案例25　　　图3-27　以门襟为设计点的服装设计案例26

图3-28 以门襟为设计点的服装设计案例27

图3-29　以门襟为设计点的服装设计案例28

图3-30　以门襟为设计点的服装设计案例29

图3-31　以门襟为设计点的服装设计案例30

图3-32　以门襟为设计点的服装设计案例31

图3-33　以门襟为设计点的服装设计案例32

图3-34　以门襟为设计点的服装设计案例33

图3-35　以门襟为设计点的服装设计案例34

图3-36　以门襟为设计点的服装设计案例35

图3-37　以门襟为设计点的服装设计案例36

图3-38　以门襟为设计点的服装设计案例37

图3-40 以门襟为设计点的服装设计案例39

图3-39 以门襟为设计点的服装设计案例38　　　图3-41 以门襟为设计点的服装设计案例40

图3-42　以门襟为设计点的服装设计案例41

图3-43 以门襟为设计点的服装设计案例42

图3-44　以门襟为设计点的服装设计案例43

图3-45 以门襟为设计点的服装设计案例44

图3-46　以门襟为设计点的服装设计案例45

图3-47　以门襟为设计点的服装设计案例46　　　　图3-48　以门襟为设计点的服装设计案例47

图3-49　以门襟为设计点的服装设计案例48

👕 思考训练题

1. 每人设计门襟三款，A4纸张，秀丽笔或针管笔勾线。要求：门襟是设计重点。

2. 每人收集门襟设计款的秀场图片各两张，建立素材库。

口袋与廓型设计

第四章

PART4

❶— 口袋分类

　　口袋分为贴袋、挖袋、插袋、组合袋（图4-1）。其中，贴袋又分为平贴贴袋、立体贴袋，平贴贴袋主要分为有袋盖与无袋盖贴袋，立体贴袋主要分为有袋盖立体贴袋与无袋盖立体贴袋。

（a）　　　　　　　　　　　　　　　　　　（b）

图4-1　服装口袋设计

（c） （d） （e）

图4-1 服装口袋设计

❷— 口袋设计拓展与训练案例（图4-2～图4-8）

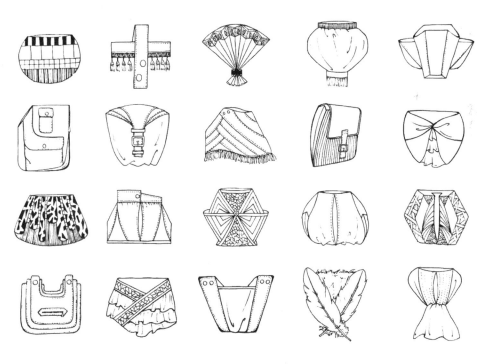

图4-2 口袋设计案例1

图4-3　口袋设计案例2

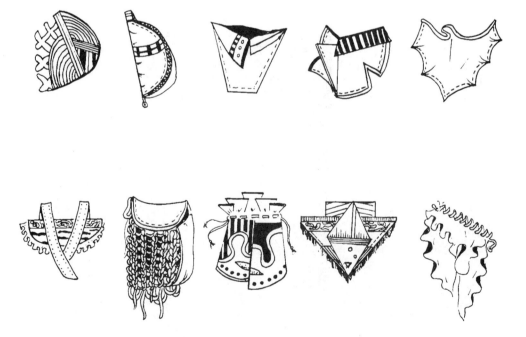

图4-4　口袋设计案例3

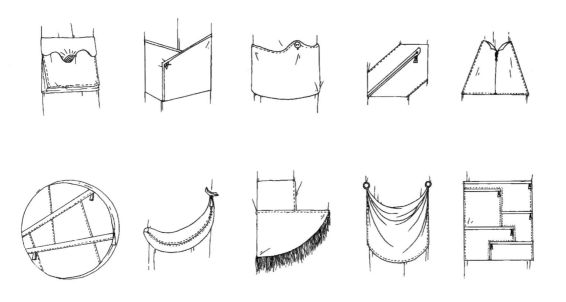

图4-5 口袋设计案例4

图4-6 口袋设计案例5

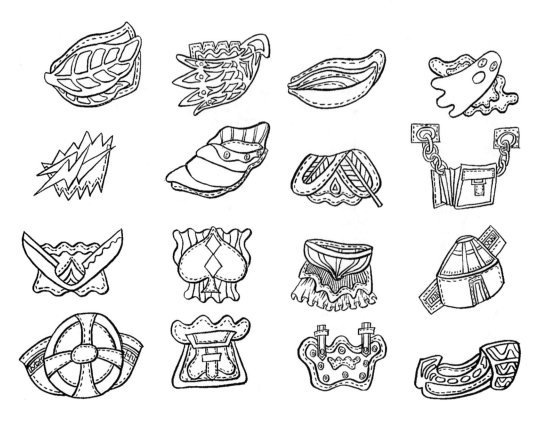

图4-7 口袋设计案例6

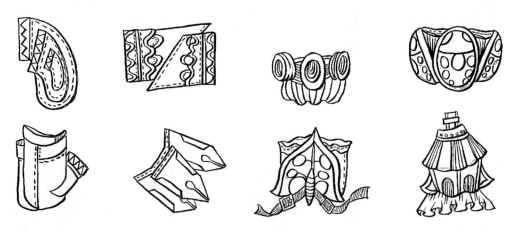

图4-8 口袋设计案例7

❸— 服装廓型

服装的外轮廓或者服装外观造型的剪影，即是服装廓型，任何服装都具备一定的廓型，有些服装的廓型比较具有视觉冲击力，而有些服装的廓型比较含蓄。服装廓型形态各异，并具有特定的称谓。廓型分类不同，命名方法也不同。按字母命名，有X、H、A、O、T型等；按几何形命名，有椭圆形、长方形、三角形、梯形等；按具体的象形事物命名，有郁金香形、喇叭形、酒瓶形等。

❹— 字母型服装廓型

X廓型服装主要特点是收腰，肩部、臀部略扩张，胸部到腰部至臀部对比强烈，营造出女性形体的曲线美。X廓型与女性身材的优美曲线相吻合，可充分展示和强调女性魅力。

H廓型是一种平直廓型。它弱化了肩、腰、臀之间的宽度差异，类似矩形，同时整体外观类似大写字母H。由于放松了腰围，胸部无曲线装饰，因而营造出女性的端庄气质和知性美。

A廓型是一种适度的上窄下宽的平直造型。它通过收缩肩部，夸大摆部而形成一种上小下大的梯形外观，使整体廓型类似大写字母A。

O廓型的服装强调肩部弯度及下摆口等部位，使躯体部分的外轮廓呈现不同弯度的弧线。

T廓型夸张肩部，收缩裙摆，其整体外观类似大写字母T。

❺— 服装廓型设计思路归纳与分析

设计思路：保持衣身基本廓型不变，改变衣袖的外廓型，以此产生新的廓型效果（图4-9）；以某字母型为基础，改变服装的某部位，以此产生具有设计感的新的廓型效果（图4-10）；采用夸张的手法，夸大服装的某零部件，以此创造出新的廓型（图4-11）；组合廓型设计，这种设计思路是将不同的廓型同时运用。

图4-9　改变衣袖的外廓型

图4-10　改变服装的某部位

图4-11　夸大服装的某零部件

⑥— 服装廓型设计拓展与训练案例（图4-12～图4-67）

图4-12　廓型应用设计案例1

图4-13 廓型应用设计案例2

图4-14 廓型应用设计案例3

图4-15　廓型应用设计案例4

图4-16　廓型应用设计案例5

图4-17 廓型应用设计案例6

图4-18　廓型应用设计案例7

图4-19　廓型应用设计案例8

图4-20 廓型应用设计案例9

图4-21　廓型应用设计案例10

图4-22 廓型应用设计案例11

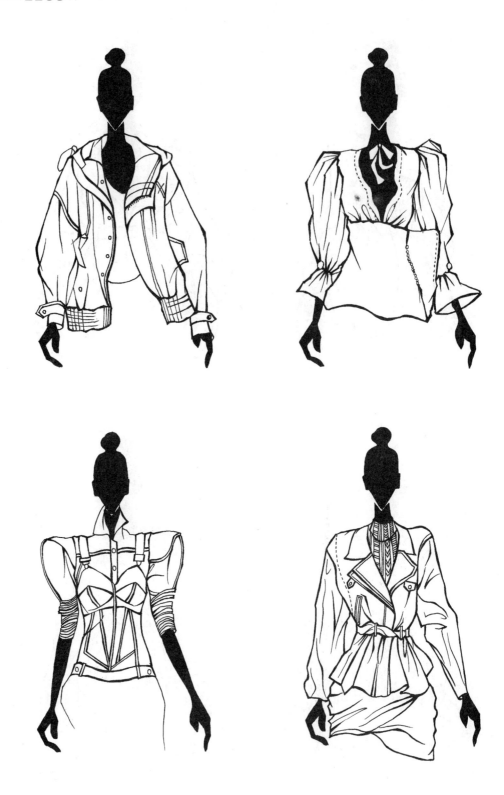

图4-23　廓型应用设计案例12

图4-24 廓型应用设计案例13　　　　　　图4-25 廓型应用设计案例14

图4-26 廓型应用设计案例15

图4-27　廓型应用设计案例16

图4-28　廓型应用设计案例17

图4-29　廓型应用设计案例18

图4-30　廓型应用设计案例19

图4-31　廓型应用设计案例20

图4-32 廓型应用设计案例21

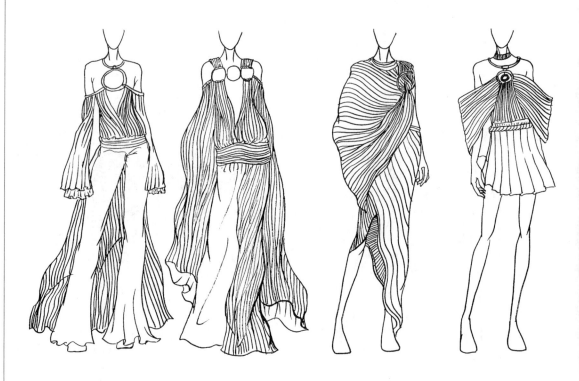

图4-33　廓型应用设计案例22　　　　　图4-34　廓型应用设计案例23

图4-35　廓型应用设计案例24　　　　　图4-36　廓型应用设计案例25

图4-37　廓型应用设计案例26　　　　　　　　图4-38　廓型应用设计案例27

图4-39　廓型应用设计案例28　　　　　　　　图4-40　廓型应用设计案例29

图4-41 廓型应用设计案例30

图4-42　廓型应用设计案例31　　　　　　　图4-43　廓型应用设计案例32

图4-44　廓型应用设计案例33　　　　　　　图4-45　廓型应用设计案例34

图4-46　廓型应用设计案例35

图4-47　廓型应用设计案例36　　　　　　图4-48　廓型应用设计案例37

图4-49　廓型应用设计案例38　　　　　　图4-50　廓型应用设计案例39

图4-51　廓型应用设计案例40　　　　　　　图4-52　廓型应用设计案例41

图4-53　廓型应用设计案例42　　　　　　　图4-54　廓型应用设计案例43

图4-55 廓型应用设计案例44　　　　　　图4-56 廓型应用设计案例45

图4-57 廓型应用设计案例46　　　　　　图4-58 廓型应用设计案例47

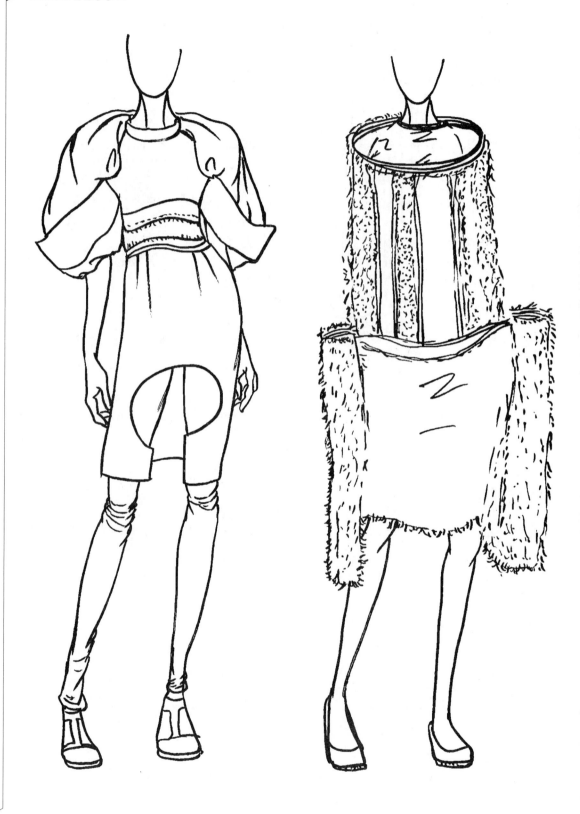

图4-59　廓型应用设计案例48

图4-60　廓型应用设计案例49

图4 61　廓型应用设计案例50

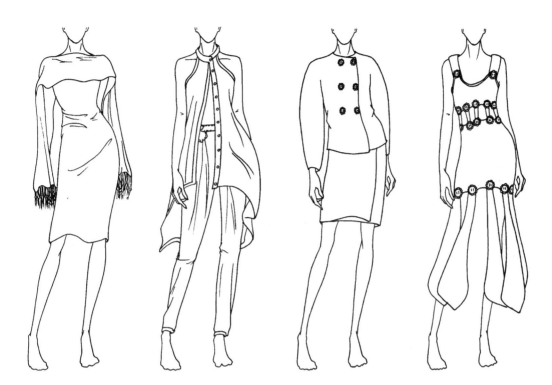

图4-62　廓型应用设计案例51　　　　　图4-63　廓型应用设计案例52

图4-64　廓型应用设计案例53　　　　　图4-65　廓型应用设计案例54

图4-66　廓型应用设计案例55　　　　图4-67　廓型应用设计案例56

👕 思考训练题

1. 每人设计口袋二十款，A4纸张，秀丽笔或针管笔勾线。

2. 每人收集口袋设计款的秀场图片各两张，建立素材库。

3. 以五种字母廓型为重点，各设计一款服装，共五款。手绘，A4纸。

4. 依据课程内容设计服装一款，廓型要有创意。手绘，A4纸。

整体系列设计

第五章

PART 5

❶— 从设计到服装整体系列设计的方法

此处的"设计"是指设计师作品，在学习服装系列设计的初期，我们可以以个人喜欢的设计师作品为原型，做延展设计，完成基础系列设计训练。

（1）局部改造法：局部改造法是指在基本不改变服装整体效果的前提下，对于局部进行变化设计。局部改造法多以服装的部件与细节为变化设计的对象，如领部、肩部、腰部及门襟、口袋等，也可以保留细节的相似性，改变外廓型以完成整体系列设计。如图5-1所示，由左图到右图，衣领的造型进行了调整与变化。如图5-2所示，由左图到右图，设计师改变了衣领、门襟实现了设计的变化。

（2）同型异构法：在平面设计中，"同型异构"是指外观图形相同，内部结构不同的构成方法。在服装设计中，同型异构是指利用同一种服装的外廓型，进行多种内部构成设计，这种方法有人俗称为服装结构中的"篮球，排球和足球"式（三种球的外形都是圆的，但有着不同的内部线条分割）处理。如图5-3所示，由（a）到（b）再到（c）款，在外廓型相同的基础上，改变了零部件的造型，实现了服装上的同型异构。

运用同型异构法需要充分地把握服装款式的结构特征，改变内部结构细节，细细品味其变化的微妙。

（3）元素提取法：元素提取法指的是以某设计师的作品为原型，提取自己喜欢的元素，经过一定的凝练、变化，再应用于新的设计作品的方法（图5-4）。

图5-1　改变衣领造型

图5-2　改变衣领、门襟造型

图5-3 用同型异构法设计的系列服装

图5-4 用元素提取法设计的系列服装

综上所述,局部改造法则对参考的服装款式原型没有要求;同型异构法,要求参考的设计师作品要有明确的细节,如拼接、分割线等;元素提取法,则要求选择参考的款式原型有明确的设计元素,这样才有可提取的素材。

（4）设计案例（图5-5～图5-8）。

原型

局部改造法在系列设计中的应用

图5-5　局部改造法在系列设计中的应用案例

原型

同型异构法在系列设计中的应用

图5-6　同型异构法在系列设计中的应用案例

原型　　　　　　　　　　　　　元素提取法在系列设计中的应用

图5-7　元素提取法在系列设计中的应用案例1

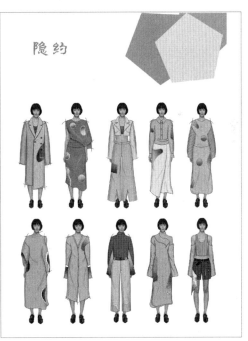

原型　　　　　　　　　　　　　元素提取法在系列设计中的应用

图5-8　元素提取法在系列设计中的应用案例2

❷— 从细节元素到服装整体系列设计

服装上的细节元素特指服装零部件之外的视觉元素。如褶饰、抽绳、系结等。细节元素是使服装具有设计感的重要方面，在学习服装设计的初期，可运用一些大热的细节元素进行设计训练。

（1）细节元素之抽绳：抽绳细节比前几季的抽褶更受欢迎，它可以展现全新的功能感和装饰感。用于柔化造型，强调腰线。我们在运用抽绳元素时，应考虑抽绳的方式、位置、数量、效果等内容（图5-9）。

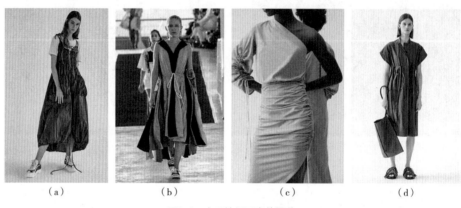

|（a）|（b）|（c）|（d）|

图5-9 应用抽绳元素的服装

（2）细节元素之流苏、穗饰：流苏、穗饰以更奢华的形式应用于各种服装款型，我们在运用流苏、穗饰细节元素时，应考虑流苏、穗饰的造型、材质，在服装上的位置、用量等问题（图5-10）。

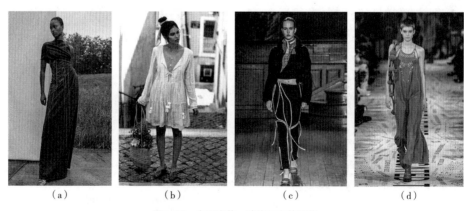

|（a）|（b）|（c）|（d）|

图5-10 应用流苏、穗饰元素的服装

（3）细节元素之绑带：绑带细节是牛仔裤、超大卡车司机夹克等核心单品上又一关键的设计工艺。绑带位置没有限制，衣袖、口袋翻盖、育克、侧线缝和领部皆可。同色系和撞色绑带也各具魅力。缎带、绳饰和鞋带为关键材质（图5-11）。

（a）　　　　　　（b）　　　　　　（c）　　　　　　（d）

图5-11　应用绑带元素的服装

（4）细节元素之交叉：交叉元素可用于上装、礼服、下装，打造出服装造型的百变形态。这一细节重点体现关键词"交叉"。对交叉条的宽窄、形式等没有限制，我们在进行整体系列设计时，可考虑交叉的位置、款式与款式的契合点等问题（图5-12）。

（a）　　　　　　（b）　　　　　　（c）　　　　　　（d）

图5-12　应用交叉元素的服装

（5）细节元素之系结、包裹：系结、包裹让服装款式造型设计拥有了更多的可能。不对称围裹单品用腰带修饰，可以柔化版型，适合更有女人味的消费者；宽松系结、打结、聚褶量感可以将重点聚焦于腰部，美化腰部线条；打结印花围巾和双面对比为设计增添了色彩（图5-13、图5-14）。

（a）　　　　　　　　　　（b）　　　　　　　　　　（c）

图5-13　应用系结元素的服装

（a）　　　　　　　　　　　　（b）

图5-14　应用包裹元素的服装

　　综上所述，细节元素作为服装造型的设计元素，是使服装具有设计感的重要
手段。其中，抽绳元素的运用，应考虑单品的变化、抽绳的方式、位置以及绳的
材质等问题；流苏、穗饰元素的运用，应重点考虑其位置、数量、材质以及单品
的变化等方面的问题；绑带元素的运用，应考虑绑带的材质、位置以及如何与服
装款型相结合这几个问题；交叉元素的运用，打破了服装基础结构，使服装款式
造型具有更多的可能性；包裹、系结元素的运用，应重点考虑其数量、位置以及
如何与服装款型相结合等几个方面的问题。

（6）服装细节元素设计案例（图5-15～图5-21）。

以下设计案例，展现了细节元素在服装整体系列设计中的重要性，以及对款式塑造的重要性。

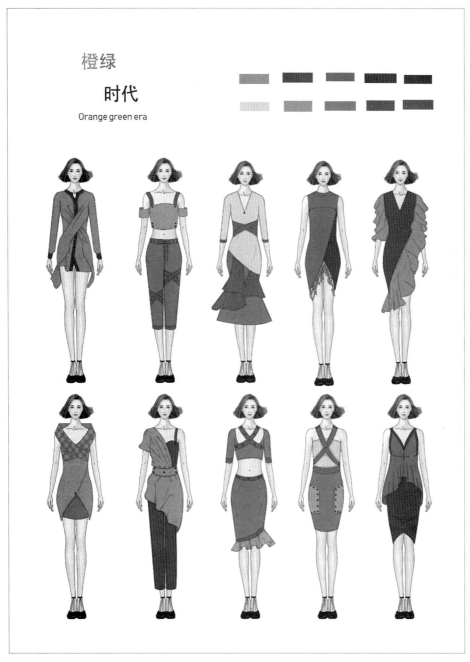

图5-15 交叉元素应用设计案例1

图5-16　交叉元素应用设计案例2

图5-17 绑带元素应用设计案例1

图5-18 绑带元素应用设计案例2

图5-19　包裹元素应用设计案例

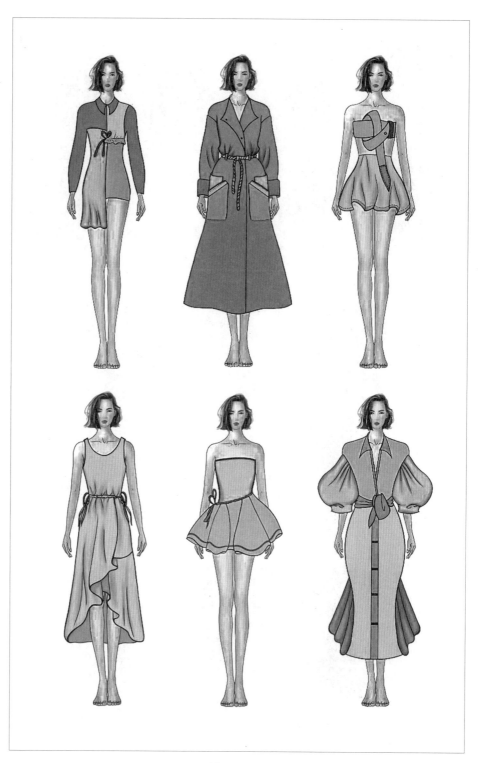

图5-20　系结元素应用设计案例1

赤阳
Heat Sun

图5-21　系结元素应用设计案例2

❸ 其他整体系列设计案例（图5-22～图5-86）

在以下展示的整体系列设计作品中，可明显地看到服装的设计元素、单品构思，均用整体的视角来呈现。

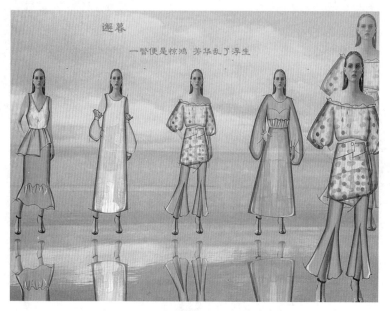

图5-22　设计元素与整体系列表达设计案例1

图5-23　设计元素与整体系列表达设计案例2

荷

"浮香绕曲岸"，未见其形，先闻其香。曲折的池岸浸着阵阵清香，说明荷花盛开，正值夏享。"圆影覆华池"，写月光笼罩着荷池。月影是圆的，花与影，影影绰绰，莫能分解。

图5-24　设计元素与整体系列表达设计案例3

方圆 Square & Circle

图5-25　设计元素与整体系列表达设计案例4

图5-26 设计元素与整体系列表达设计案例5

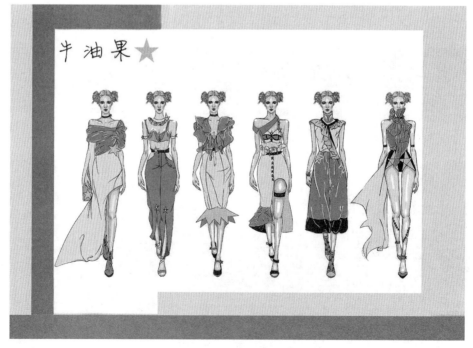

图5-27 设计元素与整体系列表达设计案例6

图5-28　设计元素与整体系列表达设计案例7

图5-29　设计元素与整体系列表达设计案例8

图5-30　设计元素与整体系列表达设计案例9

图5-31　设计元素与整体系列表达设计案例10

图5-32　设计元素与整体系列表达设计案例11

图5-33 设计元素与整体系列表达设计案例12

图5-34 设计元素与整体系列表达设计案例13

图5-35　设计元素与整体系列表达设计案例14

图5-36　设计元素与整体系列表达设计案例15

图5-37　设计元素与整体系列表达设计案例16

图5-38　设计元素与整体系列表达设计案例17

图5-39　设计元素与整体系列表达设计案例18

图5-40　设计元素与整体系列表达设计案例19

图5-41　设计元素与整体系列表达设计案例20

图5-42　设计元素与整体系列表达设计案例21

图5-43　设计元素与整体系列表达设计案例22

图5-44　设计元素与整体系列表达设计案例23

图5-45　设计元素与整体系列表达设计案例24

虔

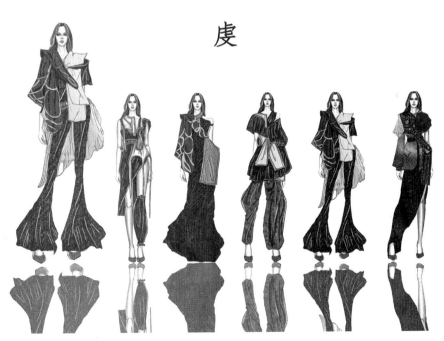

图5-46　设计元素与整体系列表达设计案例25

图5-47 设计元素与整体系列表达设计案例26

图5-48 设计元素与整体系列表达设计案例27

图5-49 设计元素与整体系列表达设计案例28

图5-50 设计元素与整体系列表达设计案例29

图5-51　设计元素与整体系列表达设计案例30

图5-52　设计元素与整体系列表达设计案例31

图5-53 设计元素与整体系列表达设计案例32

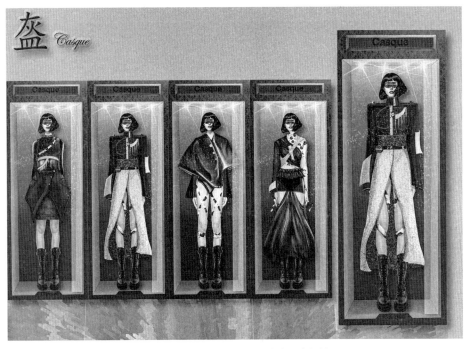

图5-54 设计元素与整体系列表达设计案例33

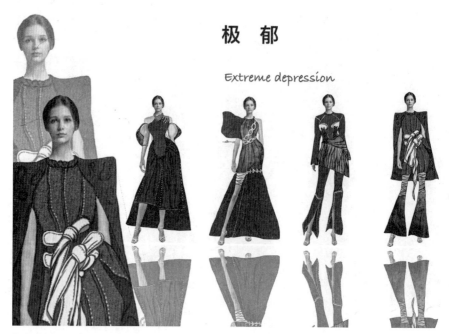

极 郁

Extreme depression

图5-55 设计元素与整体系列表达设计案例34

图5-56 设计元素与整体系列表达设计案例35

图5-57 设计元素与整体系列表达设计案例36

图5-58 设计元素与整体系列表达设计案例37

图5-59　设计元素与整体系列表达设计案例38

图5-60　设计元素与整体系列表达设计案例39

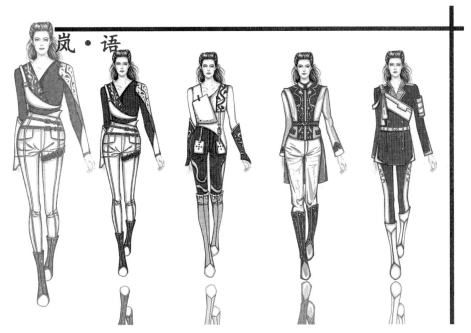

图5-61　设计元素与整体系列表达设计案例40

图5-62　设计元素与整体系列表达设计案例41

图5-63　设计元素与整体系列表达设计案例42

GLOWWORM

图5-64　设计元素与整体系列表达设计案例43

图5-65　设计元素与整体系列表达设计案例44

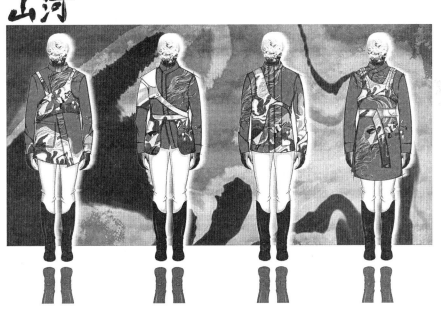

图5-66　设计元素与整体系列表达设计案例45

图5-67　设计元素与整体系列表达设计案例46

图5-68　设计元素与整体系列表达设计案例47

图5-69　设计元素与整体系列表达设计案例48

图5-70　设计元素与整体系列表达设计案例49

图5-71　设计元素与整体系列表达设计案例50

图5-72　设计元素与整体系列表达设计案例51

图5-73 设计元素与整体系列表达设计案例52

图5-74 设计元素与整体系列表达设计案例53

图5-75　设计元素与整体系列表达设计案例54

图5-76　设计元素与整体系列表达设计案例55

该系列服装灵感来源于青山、落日和晚霞。夕阳在大多数人眼中都是凄美。而我眼中的夕阳并非"夕阳西下""垂垂老矣",相反地,我认为夕阳的存在,是对下一个黎明的铺垫,是对下一个黎明的期盼。我也从中看到了希望,默默等待黎明的到来。

图5-77　设计元素与整体系列表达设计案例56

花窗是江南园林中具有代表性的元素,具有框景的效果,本设计提取花窗的元素运用到服装结构中,增添了服装的叠加层次,具有通透性,更增加了一种神秘感;衣片印花以昙花为原型,用其短暂的花期象征着人们转瞬即逝的一生,表达了虽然生命短暂但要绽放得精彩的情感。整体色调主体为高级灰,给人沉稳又不失风度的感觉。

图5-78　设计元素与整体系列表达设计案例57

图5-79　设计元素与整体系列表达设计案例58

图5-80　设计元素与整体系列表达设计案例59

图5-81　设计元素与整体系列表达设计案例60

图5-82　设计元素与整体系列表达设计案例61

图5-83 设计元素与整体系列表达设计案例62

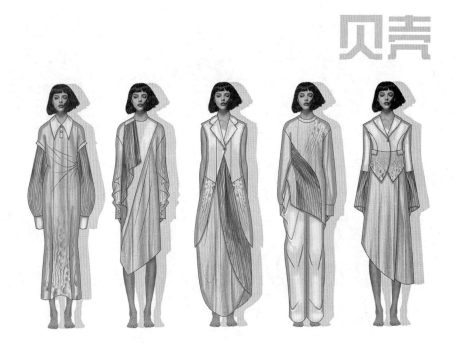

图5-84 设计元素与整体系列表达设计案例63

图5-85 设计元素与整体系列表达设计案例64

图5-86 设计元素与整体系列表达设计案例65

👕 思考训练题

1. 寻找一款自己喜欢的设计师作品（细节元素明确），将其细节元素提取出来，应用在不同的单品上，完成设计训练十款。效果图表现，A4纸。

2. 寻找一款自己喜欢的设计师作品，运用局部改造法，对其改造，完成设计训练十款。效果图表现，A4纸。

3. 寻找一款自己喜欢的设计师作品，运用同型异构法，完成设计训练十款。效果图表现，A4纸。

4. 以某设计师作品为原型，进行自由创作，完成基础设计训练十款。效果图表现，A4纸。

5. 寻找某设计元素，完成整体系列设计四～六款。效果图表现，A4纸。

参考文献

［1］麦克阿瑟，边克利. 时装设计元素：造型与风格［M］袁燕，秦伟，胡燕，
　　译. 北京：中国纺织出版社，2013.

［2］张鸿博，郑俊洁，陶然. 服装设计基础［M］. 武汉：武汉大学出版社，2008.

［3］史林. 服装设计基础与创意［M］. 北京：中国纺织出版社，2014.

［4］简·谢弗. 伦敦时装学院经典服装配饰设计教程［M］. 北京：电子工业出版
　　社，2020.

［5］孙芳. 服装配色设计手册［M］. 北京：清华大学出版社，2016.

［6］张金滨，张瑞霞. 服装创意设计［M］. 北京：中国纺织出版社，2016.

［7］刘晓刚，崔玉梅. 基础服装设计［M］. 上海：东华大学出版社，2010.

［8］陈桂林. 欧美流行女装设计［M］. 北京：化学工业出版社，2014.

［9］路家明. 设计基础［M］. 南京：江苏科学技术出版社，2013.

［10］王蕾，杨晓艳. 服装设计表达［M］. 北京：化学工业出版社，2013.

后记

　　本书在编写过程中收集了有关服装院校大量的专业课程信息，结合笔者多年课堂教学经验，依据课程设置及内容需要进行编写，以扎实的设计基础内容，清晰的思路为服装专业低年级学生以及其他读者提供可靠、实用的设计方法，具有较强的针对性与实践性。本书从服装上装的零部件入手，逐步深入到服装的整体设计，层层递进以便从容过渡到更深层次的专业课程中。在撰写的过程中，我们精选了案例素材及作品，希望能在服装设计教学中提供一定的参考价值。

　　本书的编写过程是一个漫长且艰辛的过程，也是学习和成长的过程。在编写的过程中，我们认真梳理思路、绘制款式案例，尽力做到完善，但由于时尚变化速度之快和编写视野、角度的局限，书中不免有欠妥和疏漏之处，敬请各位专家和读者批评指正。

　　在书稿付梓之前，感谢中国纺织出版社一直以来的支持，同时感谢所有给予我们帮助的老师和同事们，感谢为本书提供作品的学生们！

张金滨

2021年1月于呼和浩特